Armand de Quatrefages

Le Hareng

Science

ISBN : 978-1543014419

10 9 8 7 6 5 4 3 2 1

Armand de Quatrefages

Le Hareng

Science

Table de Matières

LE HARENG[1]

Jadis toutes les sciences étaient sœurs et sœurs jumelles. Autant et plus que les lettres peut-être, elles formaient une république véritablement démocratique ou les castes étaient inconnues, ou le mérite seul déterminait les rangs. Entre eux, comme aux yeux du public, les savants de même valeur étaient égaux. En présence d'un Cuvier et d'un Lavoisier, nul n'aurait songé à la hiérarchie. Il n'en est plus tout-à-fait de même aujourd'hui. Depuis un demi-siècle, la science a payé par de riches bienfaits matériels l'estime dont le vulgaire avait jusque-là entouré sur parole ses magnifiques abstractions. En se popularisant ainsi, elle a grandi aux yeux de la foule mais en même temps elle en a subi jusqu'à un certain point les préoccupations. Tout naturellement, les hommages du dehors se sont adressés de préférence à celles de ses branches qui répondaient aux instincts utilitaires de l'époque, et, tout naturellement aussi, quelques savants se sont laissé enivrer de cet encens. Chose triste à dire ; il s'en est trouvé, et des plus éminents, qui ont en quelque sorte partagé les connaissances humaines en sciences utiles et en sciences inutiles. Bien entendu qu'ils appartenaient aux premières et s'adjugeaient le premier rang.

Il y a dans cette appréciation injustice et erreur : injustice, car une science ne s'adressât-elle qu'à l'intelligence, c'est-à-dire à la plus noble partie de notre être, elle n'en devrait pas moins être honorée à l'égal de celles qui se mettent au service du corps ; erreur, car nul ne peut prévoir quelles seront les conséquences usuelles d'un fait, d'un principe nouveau. Certes, quand Galvani faisait sauter des grenouilles décapitées en soumettant leurs muscles à l'action du fluide électrique, on était loin de prévoir, la venue de Volta, l'invention de la pile et les merveilleuses applications de cet instrument. Nos utilitaires auraient haussé les épaules devant les expériences du médecin de Florence. A quoi bon ? auraient-ils dit. Aujourd'hui ils n'ont pas assez d'éloges pour le télégraphe électrique ou le dorage à la Ruolz. Insensés qui admirent l'arbre et auraient écrasé la graine !

Plus que toutes les autres sciences, la zoologie a eu à souffrir de cette erreur de l'opinion. La botanique a bien moins maltraitée.

Armand de Quatrefages

D'ou vient cette différence entre deux sciences qui se ressemblent sous tant de rapports, qui toutes deux ont pour but final l'étude des manifestations de la vie ? Uniquement de ce qu'on pourrait appeler la date de leur naissance. Dès les âges les plus reculés, la médecine a emprunté au règne végétal ses médicaments les plus usuels, les plus énergiques ; la connaissance des simples se retrouve chez les tribus les plus sauvages et toutes les nations modernes ont possédé de bonne heure des jardins de botanique. D'un autre côté, l'agriculture n'a longtemps été regardée que comme l'art de culti-ver les végétaux alimentaires. A ces divers titres, les produits du règne végétal sont l'objet d'un commerce étendu, et dés-lors l'utili-té pratique de la science des plantes était incontestable. Aussi, pour ne parler que de la France, ses applications sont-elles devenues, dans les facultés de médecine, dans les écoles d'agriculture et au Muséum, l'objet d'un enseignement spécial, enseignement qui, en relevant la science pure aux yeux mêmes du vulgaire, permettait de populariser et d'étendre ses conséquences pratiques.

Rien de semblable pour la zoologie Bien plus tard venue, cette science a eu d'abord à reconnaître et classer les êtres innombrables qui composent son domaine : tâche immense et bien autrement dif-ficile que pour la botanique, car on ne peut pas mettre les animaux en portefeuille et en composer un herbier qu'on étudie à loisir. Les collections zoologiques vraiment dignes de ce nom remontent à peine à deux siècles. La première ménagerie sérieuse date de la convention française et de Geoffroy Saint-Hilaire, qu'on doit en regarder comme le fondateur. Ainsi les populations n'ont pas été habituées de longue main à attacher de l'importance à la science des animaux. Les ignorants n'y ont vu qu'une affaire de curiosité et n'ont pas songé à lui demander des renseignements utiles. Or, en matière de sciences, nos hommes d'état sont volontiers du parti des ignorants. Aussi ne trouve-t-on encore nulle part en France un en-seignement de zoologie appliquée [2], et cependant, tout comme la botanique, cette science intéresse le commerce, l'industrie, l'agri-culture, et touche aux grands intérêts des nations. A vouloir citer de nombreux exemples, nous n'aurions que l'embarras du choix. Si, parmi tant d'animaux utiles dont l'histoire confirmerait nos dires, nous avons choisi le hareng, c'est précisément à raison de l'humi-dité du rôle qui semblerait devoir être départi à un petit poisson de quelques centimètres de long, et que rien ne distingue des plus obscurs représentants de sa classe.

Le hareng appartient à un grand groupe de poissons dont les affinités naturelles ont été reconnues depuis longtemps, et dont plusieurs espèces étaient connues des naturalistes de la Grèce et de Rome. Aristote nous a laissé des détails sur l'alose (θρισσα), sur la sardine ou la mélette (θριΧις, θρίΧίας), qu'il semble regarder comme trois âges différents de l'*apua* de Phalères ; sur l'anchois (ΕγγρασιΧολος, Εγγραυλις, Δυαοστομος), qui résulte, selon lui, du développement de l'*apua* du port d'Athènes. Alors, comme de nos jours, on salait ces divers poissons pour les conserver. Un des personnages d'Aristophane s'écrie : « Malheureux que je suis de m'être plongé dans la saumure des trichides ! » Ailleurs le même poète parie de trichides comme d'un objet d'approvisionnement pour les flottes. Athénée, Strabon, avaient déjà observé dans le Nil les habitudes d'émigration de l'alose, et, pendant l'expédition d'Égypte, Geoffroy Saint-Hilaire a constaté l'exactitude des faits rapportés par eux. Pourtant les notions justes recueillies Dès cette époque se mêlaient trop souvent à des erreurs absurdes. C'est ainsi que Callisthène, parlant de l'alose sous le nom de *clupea*, prétend qu'on trouve dans sa tête une pierre semblable à un grain de sel, qui guérit, à coup sûr, les fièvres quartes, pourvu qu'on l'applique lors du déclin de la lune sur les parties gauches du corps. Le même auteur ajoute que le *clupea* est blanc quand la lune croît, qu'il devient noir pendant le décours de cet astre et que, parvenu au terme de sa croissance, il est décomposé par l'action de ses propres arêtes. Ce dernier conte peut facilement s'expliquer. L'alose remonte nos rivières pour y frayer, et le développement progressif des œufs lui donne de jour en jour un volume plus considérable. Après la ponte, elle tombe dans un état d'épuisement tel qu'elle se laissé aller au fil de l'eau couchée sur le flanc et comme morte. Les pêcheurs qui la prennent dans cet état de maigreur et de faiblesse remarquent alors plus facilement les innombrables arêtes dont la chair de ce poisson est entrelardée. De là cette croyance erronée dont nous venons de parler, et qui, comme tant d'autres fables adoptées par les anciens, n'est que le travestissement d'une vérité mal connue, d'un fait mal observé.

Le célèbre et malheureux Artedi fut le premier à grouper dans son

genre *clupea* tous ces poissons connus des anciens, le hareng proprement dit, et quelques autres espèces de nos mers occidentales [3] ;
mais, tout en signalant avec son exactitude ordinaire certains caractères essentiels, Artedi commit bien des erreurs. Linné, Gmélin,
Block, accrurent cette confusion, qui ne fit qu'augmenter jusqu'à
Lacépède. Celui-ci créa quelques coupes heureuses, mais encore
insuffisantes, dans le genre *clupea* d'Artedi, et Cuvier, marchant
dans la même voie, éleva ce genre au rang de famille. Toutefois
l'illustre auteur *du Règne animal* laissa subsister encore d'étranges
rapprochements, et l'on s'étonne à bon droit de trouver dans sa famille des *clupes*, à côté des harengs et des aloses, les *lépisostées* et
le *bichir*, un des poissons les plus curieux de l'époque actuelle, dé-
couvert dans le Nil par Geoffroy Saint-Hilaire [4]. D'ailleurs, il faut
bien le dire, Cuvier avait trop négligé l'étude comparative des nombreuses tribus *clupes* qui fourmillent le long de nos côtes et appro-
visionnent nos marchés. Aussi choses en étaient-elles venues à ce
point, que bien des espèces nettement distinguées par de simples
pêcheurs l'étaient fort mal par les zoologistes.

M. Valenciennes, en abordant cette partie du grand ouvrage, qu'il
poursuit avec une persévérance peut-être moins bien appréciée en
France qu'à l'étranger, avait à vaincre des difficultés d'autant plus
grandes, que, grâce au zèle des ichtyologistes de tout pays, les collections du Muséum s'enrichissaient chaque jour d'espèces nouvelles. Heureusement ce naturaliste avait fait de nombreux voyages
sur nos côtes ; il avait suivi les pêcheurs de harengs dans leurs
courses parfois hasardeuses ; il avait étudié sur place tous les représentants européens de ce type, et avait trouvé dans la dentition des
caractères tranchés. Appliquant aux espèces étrangères le résultat
de ces observations, il avait reconnu qu'elles venaient naturellement se ranger dans un certain nombre de groupes, ayant presque
tous pour chef de file une nos espèces côtières. Dés-lors une classification naturelle devenait possible. La famille des clupes de Cuvier
renfermait dix-neuf genres. Deux d'entre eux furent complètement
écartés ; un troisième disparut comme fondé sur des caractères
inexacts ; huit autres, rejetés dans le voisinage des brochets, for-
mèrent cinq familles nouvelles Ainsi réduite, la famille des *clupéo-
des* n'en renferme pas moins encore quatorze genres et cent trente
espèces, la plupart entièrement nouvelles ou décrites avec détail

pour la première fois.

L'utilité est un des caractères les plus généraux de cette famille. La chair de la mélette venimeuse, espèce qui habite lanier des Indes, est, il est vrai, un poison dangereux : les personnes qui en mangent sont prises de vomissements qui parfois entraîne la mort ; mais, à part cette exception très singulière, presque tous les autres clupéoïdes fournissent une nourriture saine, abondante et souvent recherchée pour sa délicatesse. Nous citerons surtout parmi nos espèces européennes l'alose, la sardine, l'anchois et le hareng.

L'alose (*alausa vulgaris*) est un beau poisson qui atteint parfois une taille de trois pieds et un poids de plus de quatre livres. Quoique essentiellement habitante des eaux salées, elle fraie dans les eaux douces, comme le saumon. Répandue dans toutes nos mers, on la voit au printemps se présenter à l'embouchure des fleuves qui se jettent dans la Méditerranée ou l'Océan, et remonter le Volga, le Nil et le Tibre, aussi bien que la Garonne, la Loire et le Rhin. Dans la Seine seulement, on prenait autrefois jusqu'à treize ou quatorze mille aloses par saison ; mais ce nombre considérablement diminué depuis que le lavage des laines a pris sur les bords de ce fleuve un développement considérable, et la plupart des aloses qui se mangent à Paris viennent maintenant de la Loire ou de ses affluents. Ce poisson, qu'on voit paraître aujourd'hui sur les tables les mieux servies, a longtemps été regardé comme un mets peu délicat. Ausone nous apprend que, dans les premiers siècles de notre ère, il était abandonné aux dernières classes de la société [5]. De nos jours encore, les pêcheurs russes semblent partager ce préjugé, et rendent à très bas prix les aloses, dont ils regardent d'ailleurs la chair comme un aliment dangereux. Les Arabes, au contraire, font grand cas de ce poisson, le font sécher, et le mangent avec des dattes. Les aloses ont l'ouïe très fine ; elles redoutent le bruit du tonnerre, et sont, dit-on, sensibles aux charmes de la musique. Rondelet, naturaliste distingué du XVIe siècle, assure les avoir vues accourir avec empressement aux accords d'un luth, et, conformément à ces idées, les pêcheurs de la Méditerranée se font accompagner de joueurs d'instruments quand ils vont à la recherche de ce poisson. Probablement ce singulier appât, loin d'être dangereux pour les aloses, en éloigne un grand nombre des filets où l'on croit les attirer.

Dans la nature, l'importance des rôles est presque toujours en raison inverse de la grandeur des êtres qui les remplissent. Nous trouvons ici un exemple de cette tendance générale. L'alose, malgré sa grande taille, est loin d'être aussi utile à l'homme que son congénère la sardine (*alausa pilchardus*). Ce petit poisson, dont les variétés diverses sont appelées pilchard, célerin, célan, royan, hareng de Bergues, a conquis sous ces divers noms une réputation justement méritée. Répandu dans toute la Méditerranée et dans l'Océan jusqu'à la hauteur des côtes d'Ecosse, il quitte tous les ans, au commencement de l'automne, les profondeurs qu'il habite, et s'approche de nos rivages pour déposer ses œufs. Ses bancs serrés offrent alors aux populations côtières une proie assurée et facile. Aussi voit-on dans quelques-unes de nos provinces les paysans eux-mêmes quitter momentanément leurs travaux pour aller prendre leur part de cette manne annuelle. Montés au nombre de six ou huit sur des bateaux que dirigent deux matelots de profession, ils vont jeter leurs filets à deux ou trois lieues au large, et reviennent jusqu'à trois fois dans la journée déposer sur le rivage le poisson qui s'est emmaillé. Dès le moyen-âge nous voyons cette pêche être pour nos côtes occidentales une source de richesses d'autant plus précieuses, qu'elles tombent aux mains de classes vraiment laborieuses. Un, mémoire de l'intendant de Bretagne nous apprend qu'en 1697, Belle-Isle recueillait annuellement douze cents barriques, et Port-Louis jusqu'à quatre mille barriques de sardines. Or, la mesure dont il s'agit ici représente un poids de quatre mille cinq cents à cinq mille kilogrammes. D'après ces chiffres, on admettra aisément que les évaluations portant à 2 millions le bénéfice annuel de cette pêche pour les seuls parages de la Bretagne ne doivent pas être exagérées.

La Méditerranée semble être la véritable patrie de l'anchois (*engraulisvulgaris*). C'est là qu'on le rencontre à l'époque du frai recherchant les bas-fonds en troupes innombrables. Il est plus rare dans l'Océan, bien que le Muséum possède des individus pêchés jusque dans la Baltique. De tout temps, l'anchois fut pour les nations de la Méditerranée ce que la sardine est pour les populations des côtes de l'Océan. Nous avons vu qu'il était connu des Grecs et des Romains, qui déjà le préparaient, selon toute apparence, exactement comme nous le faisons nous-mêmes. De plus, il était alors un des poissons les plus employés à la confection du *garum*, étrange assaisonnement dont le nom seul soulève chez nous le dégoût, et dont l'emploi semble s'être conservé chez quelques peuples de l'Orient [6]. L'usage de l'anchois en saumure paraît avoir été longtemps circonscrit autour de la Méditerranée ; du moins, d'après Legrand-d'Aussy, cette espèce de salaison ne figure pas encore, au XIIIe siècle, parmi les articles de commerce. Toutefois, dès 1551, la pêche des anchois enrichissait déjà la Provence et le Languedoc, malgré la concurrence des pêcheurs catalans. Aujourd'hui, ils se prennent dans toutes nos mers, depuis la Manche jusque dans la mer Noire. Ceux de l'Océan sont plus gros, mais bien moins délicats que ceux de la Méditerranée, qui possède des pêcheries considérables sur les côtes de Dalmatie, de Sicile, d'Espagne, et surtout sur les côtes de France. Les anchois de Provence ont une supériorité incontestable bien connue des gourmets. Pris dans le voisinage d'Antibes, de ces poissons, dépouillés de leur tête et embarillés dans la saumure conservatrice, sont chaque année transportés par cargaisons énormes à la foire de Beaucaire, d'où ils se répandent dans le monde entier.

A côté des clupéoïdes que nous venons de nommer, il en est d'autres dont la pêche, sans avoir la même importance générale, est déjà ou pourrait devenir plus tard la source d'industries florissantes. Parmi les premiers, nous citerons la mélette de la Méditerranée (*meletta mediterranea*) qui, dans le midi de la France, se pêche en même temps que l'anchois, et donne des salaisons de qualité inférieure, recherchées par les classes pauvres. Nous citerons encore le fameux *white-bait* des Anglais (*rogenia alba*), si estimé des habitans de Londres, et qui, cantonné jusqu'à présent sur les rivages d'Angleterre, s'acclimaterait probablement sans peine sur nos côtes à l'aide de fécondations artificielles Parmi les seconds, nous mentionnerons, entre autres, avec M. Valenciennes, la sardinelle auriculée (*sardinella aurita*), très commune dans certains parages de la Méditerranée et en particulier sur les côtes de l'Algérie, ou elle pourrait devenir l'objet d'un véritable commerce ; la clupéonie de Jussieu (*clupeonia Jussieui*), qui, sans avoir la délicatesse de notre sardine, serait pour l'Ile de France, ou elle abonde, une source de revenus considérables, si les habitants de cette colonie savaient la préparer. Nous signalerons surtout la sardinelle de Nieuhoff (*sardi-*

nella Nehowii), qui habite les mers du Malabar. Cette espèce, d'un goût très agréable, s'approche tous les ans du rivage en nombre si prodigieux, que les habitants s'en servent pour fumer leurs champs de riz et leurs plantations de cocotiers. Certainement, le génie de la spéculation, si actif dans la race anglaise, s'éveillera tôt ou tard à l'aspect de ces richesses perdues ; les côtes du Malabar verront s'élever des pêcheries, et peut-être un jour ces poissons si dédaignés viendront ils jusque sur nos tables rivaliser avec la sardine et l'anchois.

Le genre hareng proprement dit (*clupea*) renferme plusieurs espèces d'une utilité reconnue. Le hareng de la mer Noire (*clupea pontica*), que les vents jettent quelquefois par myriades jusque sur les rivages de la Crimée, n'attend que quelques perfectionnements dans le mode de préparation pour acquérir une haute importance commerciale. Le hareng de Pallas (*clupea Pallasii*) est, pour les Kamtchadales, une source inépuisable de provisions d'hiver. Le hareng de New-Yorck (*clupea elongata*) et quelques autres espèces propres à l'Amérique septentrionale sont, pour les peuples de ces contrées, à peu près ce qu'est, pour nous, le hareng commun (*clupea harengus*) ; mais, de tous ces poissons utiles, nul ne peut lutter d'importance avec ce dernier. Des populations entières se lèvent chaque année pour poursuivre cet humble habitant de nos mers. Des *fiors* les plus reculés de la Norvège jusqu'à la plus petite anse de la Normandie sortent d'innombrables escadres de bâtiments légers, montés par des pêcheurs norvégiens, suédois, russes, danois, allemands, hollandais, écossais, anglais, irlandais, français, empressé de prendre leur part d'un butin assuré, tandis que de véritables flottes, moins nombreuses, mais formées de vaisseaux d'un fort tonnage, s'avancent dans la même intention jusqu'aux îles Shetland et dans les parages des mers d'Islande.

A voir l'importance extrême si justement attachée au hareng, on devrait croire ce poisson parfaitement connu depuis bien des années ; pourtant il n'en est pas ainsi. Longtemps il a été confondu avec plusieurs de ses congénères ; de nos jours encore, l'anatomie du hareng n'avait été, pour ainsi dire, qu'ébauchée. M. Valenciennes, riche d'observations personnelles recueillies soit dans les différents musées d'Europe, soit à bord des bateaux pêcheurs, possédant en outre les matériaux rassemblés par Noël de La Morinière [7], a voulu combler toutes ces lacunes, et on peut dire qu'il y a réussi. Le demi-volume consacré au hareng est une histoire complète de ce poisson célèbre, et renferme, entre autres, des renseignements d'un grand intérêt sur l'état de la pêche chez les différents peuples européens jusqu'à la fin du dernier siècle. Toutefois l'auteur a cru devoir se borner au côté historique de la question et laisser de côté la statistique, trop étrangère au plan général d'un ouvrage essentiellement scientifique. Des documents inédits et dont plusieurs nous ont été communiqués, soit par M. Valenciennes lui-même, soit par les chefs de divers administrations spéciales, nous ont permis d'entrer ici dans des détails plus circonstanciés et de citer des chiffres propres à justifier tout ce qu'on a pu dire de l'immense intérêt qui s'attache au poisson dont nous esquissons l'histoire.

Le hareng, que sans doute bien peu de nos lecteurs connaissent pour l'avoir vu à l'état frais, est un joli poisson d'un beau vert glauque, glacé d'argent sur le dos, d'un magnifique blanc d'argent sur les côtés et sous le ventre. Il a la tête petite, l'œil grand, la bouche assez peu fendue, l'opercule lisse, le dos épais et arrondi, le ventre comme dentelé. Tous ces caractères sont constants, mais il n'en est pas de même de la taille ; celle-ci varie. Les harengs de nos côtes ont au plus vingt-sept centimètres de long, tandis, que, dans les mers du Nord, on en pêche qui comptent jusqu'à trente huit centimètres. Les rapports proportionnels entre les diverses parties du corps varient également, quoique dans des limites assez restreintes, et, chose remarquable, ces variations de taille et de proportion se présentent constamment chez les harengs pris dans des localités déterminées. Aussi les pêcheurs et quelques naturalistes ont-ils été conduits à admettre que notre Océan nourrit deux espèces de harengs. Il n'en est rien toutefois. Un examen attentif démontre que ce ne sont là que les simples variétés, et ce fait a une importance réelle au point de vue de la zoologie philosophique. Longtemps, en effet ; on a cru que la domesticité seule pouvait créer des races distinctes ; on regardait tous les représentants sauvages d'une même espèce comme étant, à très peu de chose près, jetés dans un moule toujours identique. Geoffroy Saint-Hilaire, le premier, protesta contre ces doctrines absolues au nom de la puissance modificatrice des *milieux ambiants*. Cet illustre naturaliste soutint que, les conditions d'existence n'étant pas les mêmes, le type primitif devait, jusqu'à un certain point, subir leur influence et présenter des modifications parfois assez étendues. Aujourd'hui les faits viennent de toutes parts justifier ces idées : l'on ne peut plus nier l'existence de *races naturelles*, c'est-à-dire de variétés constantes se transmettant, par la génération, certains caractères qui les distinguent du type primitif,, et, par suite, on a dû souvent réunir sous un même nom spécifique plusieurs espèces jusque-là regardées comme nettement séparées.

Le hareng commun appartient exclusivement à l'Océan septen-trional. On ne le pêche que très rarement au sud de La Rochelle, et la Méditerranée ne nourrit même aucun poisson qu'on puisse rapporter à ce genre. Partout il montre les habitudes d'un véritable poisson de mer, et ne remonte que rarement le cours de quelques grands fleuves. En 1695, par exemple, un banc de harengs s'enga-gea dans la Tamise, et, emporté peut-être par la marée, remonta jusqu'au-dessus de Londres en nombre si considérable, qu'on en prit des milliers avec des seaux ; mais ce ne sont là que des excep-tions et ceux qui ont cru que le hareng pouvait s'acclimater dans les eaux douces ont été trompés par quelques ressemblances éloignées ou par des dénominations inexactes. C'est ainsi que le hareng d'eau douce (*fresh water herring*) des Ecossais n'est autre chose qu'une espèce de saumon du genre *corégone*, qui habite le loch Lomond. Aussi faut-il regarder comme inexécutable l'idée que Noël de La Morinière avait communiquée à l'Institut de naturaliser le hareng dans nos fleuves et en particulier dans la Seine.

L'importance même du poisson qui nous occupe peut expliquer pourquoi l'imagination des naturalistes, aussi bien que celle des simples pêcheurs, s'est quelque peu exercée sur son compte et a mêlé à des faits vrais des erreurs et des fables. On a dit de lui qu'il mourait au sortir même de l'eau ; que, détaché du filet et re-jeté immédiatement à la mer, il n'était pas pour cela rappelé à la vie. *As dead as a herring*, disent les Anglais, et ce proverbe popu-laire semble avoir reçu une haute sanction scientifique depuis que Lacépède a cherché à rendre compte de cette mort si prompte par la grandeur des ouvertures branchiales du hareng. Toutefois ces assertions sont très exagérées. Hors de l'eau, le hareng ne meurt pas plus promptement que bien d'autres poissons, et si les pêcheurs au grand filet ont pu croire le contraire, c'est que, dans cette sorte de pêche, les poissons sont étranglés par les mailles elles-mêmes et sont déjà tous morts quand on les sort de l'eau. Neucrantz, Sagard, Noël de La Morinière, M. Valenciennes et tous ceux qui ont observé sur nature : ont vu les harengs retirés intacts de leur élément sauter pendant plusieurs heures sur le fond de la barque ou dans les paniers : En pareil cas, ils résistent même mieux que l'alose.

Une autre erreur également accréditée parmi les pêcheurs et reproduite par quelques naturalistes consiste à croire que le hareng se nourrit d'eau pure ou tout au plus d'une sorte de vase grisâtre et fluide qui remplit d'ordinaire leur intestin. L'activité extrême de la digestion, si remarquable chez les poissons en général, peut expliquer ici la méprise d'observateurs ignorants ou superficiels, qui n'ont pas su reconnaître des aliments dénaturés. Le fait est qu'en y regardant de plus près, on découvre, au milieu de cette espèce de pâte, des œufs de poissons et souvent du frai même de hareng, des débris de petits poissons et des carapaces de divers crustacés. Une espèce appartenant à ce dernier groupe d'animaux, et qui habite le long des côtes de Norvège, a même été décrite par un célèbre naturaliste danois, par Fabricius, sous le nom caractéristique d'*écrevisse des harengs*. Ce petit crustacé est tellement commun en été dans les mers de ces parages, qu'en puisant un peu d'eau dans la mer, on est certain d'en rapporter plusieurs milliers. Stroem nous apprend qu'il est très recherché par les harengs, qui suivent ces essaims partout où les entraînent le vent et les marées. Cette nourriture paraît, au reste, exercer une influence fâcheuse sur les poissons qui en font un usage exclusif. On assure que les harengs pris à cette époque se putréfient avec une rapidité extrême, et que même leur chair, contractant alors des qualités délétères, cause un grand nombre de maladies.

Il arrive parfois que les harengs, après avoir pendant nombre d'années fréquenté certaines cotes, les abandonnent subitement, et, par leur absence, jettent dans la misère les populations dont ils faisaient la richesse. La superstition, si ingénieuse à se tourmenter elle-même, a souvent trouvé un aliment dans quelques faits de cette nature. Les montagnards écossais croient qu'il suffit qu'une femme de Skye passe l'eau dans l'intention de se rendre à l'autre côté de l'île pour qu'aussitôt les harengs s'éloignent de ces parages. Les historiens du XVIe siècle nous ont conservé l'histoire d'un hareng extraordinaire dont l'apparition fut regardée comme un signe de la colère divine et la cause de la fuite des harengs loin des côtes de Suède. Le 24 novembre 1587, on pêcha dans les mers de Norvège deux de ces poissons portant sur leurs flancs des caractères gothiques profondément gravés. Ces poissons furent apportés à Copenhague et présentés, sept jours après leur capture, au roi Frédéric. II. Ce monarque, effrayé à la vue de ce prodige, convoqua les savants de sa capitale, qui traduisirent ainsi la prétendue inscription : *vous ne pêcherez plus de harengs par la suite aussi bien que les autres nations.* Le roi ne s'en tint pas à cette explication et consulta les plus illustres lettrés de l'Allemagne. Un mathématicien français, résidant alors à Copenhague, publia un gros livre pour prouver que les caractères imprimés sur ces terribles harengs étaient les lettres initiales de plusieurs mots. Un autre érudit lut dans cette inscription une prophétie annonçant la subversion, totale de l'Europe. Ces rêveries se reproduisirent dans le XVIIe siècle. En 1622, Églin, professeur de théologie à Zurich, publia une interprétation de l'Apocalypse basée sur la lecture de caractères que présentait un autre hareng pêché le 21 mai 1596 sur les côtes de Poméranie, et qui ressemblait aux fameux harengs de Copenhague. Est-il nécessaire d'ajouter que ces prétendus caractères n'étaient autre chose que des traits formés par l'entre-croisement de quelques vaisseaux ou par une succession fortuite de points colorés ?

Nous voudrions pouvoir dire que les savants modernes, en échappant aux grossières superstitions de leurs devanciers, sont toujours restés dans le vrai en ce qui touche les harengs. Il n'en est malheureusement pas ainsi. Quelques uns des plus justement illustres ont apporté leur contingent d'erreurs à cette histoire, car il faut bien aujourd'hui reléguer parmi les fables scientifiques ce que Cuvier lui-même nous a dit des voyages prodigieux accomplis par ces poissons [8]. A en croire ces récits, primitivement empruntés aux dires des pêcheurs, les harengs sont originaires des régions glaciales et ne sont pour nos mers que des poissons de passage. Tous les ans, le défaut d'aliments ou la nécessité de frayer sous un ciel plus doux amène une émigration formidable. De dessous les glaces du pole s'échappe une population innombrable, qui ne tarde pas à se partager en deux puissantes armées. L'une se jette à l'ouest et va peupler momentanément toutes les côtes de l'Amérique septentrionale ; l'autre, dirigeant sa marche vers le sud, vient enrichir l'Europe de ses dépouilles. Celle-ci arrive aux atterrages d'Islande vers l'équinoxe du printemps. Là elle est abandonnée par des troupes nombreuses qui vont longer le Groenland ; mais la masse franchit l'Islande après avoir peuplé les baies de cette île, et, arrivée aux îles Shetland, elle se partage en trois grandes colonnes. Ce qu'on appelle l'aile gauche range la côte de Norvège depuis le cap Nord en Laponie, peuple de ses subdivisions la Baltique et les mers d'Allemagne, et ses derniers détachements viennent se perdre dans le Zuyderzée. L'aile droite se dirige vers les Hébrides et le nord de l'Irlande. L'armée du centre, composée des plus nombreux bataillons, envoie un puissant détachement visiter les Orcades et l'Ecosse, tandis que le corps principal longe la côte des Iles Britanniques, vient envahir la Manche, dont il peuple à la fois les deux rives, rallie les restes épars des divisions qui ont redescendu les rivages du continent, et, disparaît en masse à l'extrémité occidentale du détroit.

Les naturalistes qui ont cru aux migrations des harengs ont été bien moins succincts que nous dans la description de ces voyages. Ils ont raconté dans leurs ouvrages et tracé sur leurs cartes jusqu'aux évolutions des moindres escouades de ces grands corps d'armée. Ils ont fait ressortir tout ce qu'offrait de curieux l'analogie de ces mœurs voyageuses avec les habitudes bien connues de certains oiseaux. Malheureusement il n'y a là qu'un roman. Déjà Bloch et Noël de La Morinière avaient vivement attaqué le système migratorial et opposé à ses partisans de pressantes objections. Jamais on n'a vu les bancs de harengs regagner leur prétendue patrie. Comment croire d'ailleurs qu'ils soient chassés par la faim de leur première demeure toujours à la même époque et précisément au moment de l'année ou les mers boréales se peuplent de myriades d'êtres microscopiques propres à leur servir de nourriture ? Comment admettre que, poursuivis par les grands cétacés, ils ne s'arrêtent qu'à plusieurs centaines de milles des parages fréquentés par ces ennemis ? Comment expliquer surtout que la crainte ou le défaut d'aliments n'agisse que sur les harengs adultes et qu'on ne rencontre jamais de petits dans leurs innombrables phalanges ? Telles sont les principales objections des auteurs que nous venons de citer. M. Valenciennes, de son côté, n'a pas hésité à se prononcer sur ce point de la manière la plus formelle, et les arguments tout nouveaux qu'il a fait valoir ne peuvent laisser prise au moindre doute. C'est ainsi qu'adoptant, après un nouvel examen, la détermination de Lesueur, il a reconnu que le hareng d'Amérique était une espèce distincte et non pas une simple variété, du hareng européen. Les harengs des deux continents n'ont donc pas une origine commune. L'existence dans nos mers de races spéciales, pêchées tous les ans dans les mêmes localités, ne s'expliquerait guère dans l'hypothèse combattue par notre auteur, car comment admettre cette espèce de triage si régulièrement fait tous les ans ? Enfin, si l'on entre dans les détails de la pêche, on voit que les harengs se montrent souvent dans les contrées méridionales avant d'avoir paru sur les côtes du Nord, et ce fait est à lui seul parfaitement inconciliable avec toute idée de migration.

Si l'on veut chercher une analogie entre ces habitants de la mer et les oiseaux, ce n'est pas aux grues, aux oies, aux hirondelles qu'il faut les comparer, mais bien à ces oiseaux erratiques qui, comme la plupart des passereaux, s'élèvent pendant l'été sur nos montagnes boisées, et pendant l'hiver regagnent les plaines ou les gorges abritées. La mer a aussi ses vallées profondes, ou les variations de la température sont à peine sensibles, dont les plus violentes tempêtes ne peuvent troubler la tranquillité. C'est dans ces abris à peu près inaccessibles que bon nombre de poissons, et le harengs entre autres, se retirent à des moments donnes. C'est de là qu'ils sortent quand l'instinct de la reproduction les pousse à chercher des eaux peu profondes et par cela même plus aérées, plus facilement réchauffées par les rayons du soleil. Tous les harengs adultes d'une même localité, placés dans des conditions identiques, éprouvent à la fois les mêmes besoins, obéissent en même temps et une impulsion semblable. Au besoin, l'instinct d'imitation, si facile à constater jusque chez les poissons de nos viviers, entraîne les plus paresseux, et, grâce à ces causes réunies, ils quittent en masse leurs retraites pour se diriger en phalanges serrées vers les bas-fonds les plus voisins. Cette manière d'expliquer leur apparition subite et par myriades dans une localité désertée la veille est à la fois la plus simple et la plus concordante avec tous les faits. C'est une erreur de croire que les harengs abandonnent complètement nos mers. En Hollande, en Belgique, en Normandie, on prend pendant toute l'année ces poissons isolés mêlés à d'autres espèces, ce qui ne saurait avoir lieu dans l'hypothèse des voyages. De vieux pêcheurs ont même assuré à M. Valenciennes que, si leurs filets pouvaient être descendus assez profondément, ils prendraient en tout temps autant de harengs qu'au plus fort de la saison. Cependant il en est qui pensent que, lorsque ces poissons ont gagné le fond des mers, ils sont en si grand nombre et si bien pressés les uns contre les autres que les filets, glissent sur le banc sans pouvoir l'entamer.

Quelque exagérée que puisse paraître cette dernière croyance, elle ne va peut-être guère au-delà du vrai. Alors même que les harengs sont en marche, leur nombre est tellement prodigieux, leurs colonnes sont tellement serrées, que les faits les mieux constatés ressemblent parfois à des fictions. Les sagas des peuples scandinaves consacrent le souvenir de plusieurs pêches extraordinaires. Olaüs Magnus nous apprend qu'on a vu les harengs se presser vers le rivage de telle sorte, qu'une pique plantée au milieu du banc se tenait debout. En 1781, ces poissons arrivèrent près de Buscoe, sûr la cote de Gothembourg, en si grande quantité, qu'on les prenait à la main. En 1784, le loch Urn fournit à lui seul, dans l'espace de cinquante jours, pour 56,000 liv. sIen (1,400,000 fr.) de harengs. En 1773, le loch Torridon fut envahi de telle sorte, que cent cinquante bateaux pêcheurs, portant de douze à vingt barils de harengs, eurent leur chargement complet en une seule nuit. En 1774, on a vu sur les côtes de Fife des pêcheurs prendre cinquante mille harengs d'un seul coup de filet. L'histoire de nos pêches nationales présente des faits semblables. Des pêcheurs de Dunkerque, de Calais, de Dieppe, de Boulogne, ont pris jusqu'à deux cent quatre-vingt mille harengs dans une nuit. Souvent on a vu de grandes corvettes de pêche, près de sombrer sous le poids des poissons emmaillés, couper leurs câbles et ne devoir leur salut qu'à l'abandon d'une partie de leurs filets. Un pêcheur de Fécamp, qui s'était trouvé dans cette position critique et forcé de laisser à l'eau les trois quarts de sa *tessure*[9], retira du quart restant deux cent mille harengs ; environ huit cent mille poissons s'étaient donc pris en quelques instants. Quand un de ces *bouillons* s'engage dans un golfe, il le comble pour ainsi dire ; les premiers rangs, poussés par ceux qui suivent, sont jetés hors de l'eau et jonchent de longues étendues de grève, pêle-mêle avec d'autres poissons, que le tourbillon a entraînés en passant.

Armand de Quatrefages

Des milliers de poissons voraces, de grands squales, des cétacés gigantesques, suivent ces bancs de harengs, et en dévorent d'innombrables quantités. Depuis des siècles, l'homme est venu se joindre à ces ennemis naturels, apportant avec lui son industrie dévastatrice, et pourtant les harengs ne diminuent pas. Tous les ans, leurs légions s'élèvent du fond de l'Océan aussi nombreuses, aussi compactes. Il faut que cette espèce possède un bien haut degré de puissance reproductive, et ce fait s'explique d'un côté par sa fécondité, et d'un autre coté par ses habitudes. Les harengs femelles de la Manche contiennent en moyenne de vingt-neuf à trente mille œufs. Les grands harengs du Nord en renferment jusqu'à soixante-huit mille. Le nombre des femelles est d'ailleurs supérieur de plus du double à celui des mâles, et, grâce mœurs sociales de ces poissons, cette disproportion ne nuit guère au développement des œufs. Pressés par les mêmes instincts, ils se rendent ensemble sur les fonds favorables, et à peine une femelle s'est-elle débarrassée de ses milliers de germes, que l'élément fécondateur fourni par quelque mâle voisin les atteint et leur donne la vie.

Le commodore Billings a pu observer les harengs pendant cet acte important qui assure pendant le mois de juin, dans un port du Kamtschatka, il remarqua plusieurs de ces poissons qui décrivaient en nageant des cercles d'une toise environ de diamètre. Au milieu de chaque cercle, l'un d'eux se tenait immobile, et les herbes qui l'entouraient devenaient bientôt d'un jaune brillant. Quand vint le reflux, tout le rivage, plantes, pierres ou sable, se trouva enduit d'un demi-pouce de frai, que les chiens, les mouettes et les corbeaux se disputaient à l'envi. Des causes de destruction analogues attendent partout les œufs de hareng. Ce qui en réchappe donne naissance à de petits poissons, connus sur nos côtes sous le nom de *blanches*, qui passent leur première jeunesse dans le lieu de leur naissance, puis gagnent les profondeurs de la mer, où ils séjournent jusqu'à ce que, à leur tour, ils soient chassés de leurs retraites par l'instinct de la reproduction.

Aucun des écrivains de la Grèce ou de Rome n'a parlé du hareng. Vivant sur les bords de la Méditerranée et n'observant guère que les productions de cette mer, ils n'ont pu connaître cet hôte de l'Océan septentrional. Il faut arriver jusqu'au moyen-âge pour trouver des renseignements historiques sur ces poissons que l'industrie moderne répand aujourd'hui dans le monde entier. Une opinion généralement admise comme démontrée reportait même jusqu'au XVe siècle l'art de saler le hareng, et attribuait à un Hollandais, à Guillaume Beukelings de Biervliet, l'honneur de cette invention [10]. Noël de la Morinière a démontré que c'était là une erreur. En Hollande même, on voit, Dès l'année 1344, des marchés privilégiés institués par les comtes de cette province pour la vente des harengs, ce qui suppose un commerce, et par conséquent des moyens de conservation. En Angleterre, des chartes des XIe et XIIe siècles mentionnent les harengs salés, et règlent le nombre de poissons que doivent contenir le *baril* et le *tonneau*. Dès le XIIIe siècle, les Danois faisaient un commerce de harengs tellement considérable, que Helmold, un des continuateurs de la chronique slavonne, nous les peint comme vêtus de pourpre et d'écarlate, grâce à l'or que les étrangers leur apportaient en échange de ces poissons. Vers la même époque, les villes anséatiques, et entres autre Lubeck et Hambourg, devaient une partie de leur prospérité à la même industrie, et avaient des comptoirs de pêche sur les côtes de Norvège. Tous ces faits supposent bien évidemment la connaissance d'un procédé de conservation. Aussi, tout en accordant à Beukelings le mérite d'avoir perfectionné l'art de la salaison, on ne peut lui accorder l'honneur de l'invention.

Notre histoire nationale fournit de nouvelles preuves à l'appui de ces conclusions, et montre que les Français n'étaient pas en arrière des autres peuples sous le rapport qui nous occupe. La pêche du hareng mentionnée déjà en 1030 dans la charte de fondation de l'abbaye Sainte-Catherine, près de Rouen, prend, dès le siècle suivant, le caractère d'une industrie considérable. En 1441, une véritable *compagnie*, dans l'acception industrielle donnée de nos jours à ce mot, se forme à Paris sous le titre de *Confrérie des marchands de l'eau*. Cette société, composée des plus riches bourgeois de la cité, achète la place de Grève, y établit un port de décharge, entreprend le commerce sur toute la rivière, et reçoit de nombreux privilèges. Entre autres droits établis par elle, on voit qu'elle percevait un cent de harengs sur chaque bateau chargé de salaisons. Ce qui achève de démontrer l'importance de ce commerce à l'époque dont nous parlons, c'est qu'il devient pour certains monastères l'objet de concessions et de privilèges parfois vivement disputés. En 1170, l'abbaye d'Eu est autorisée à acheter en franchise tous les ans vingt mille harengs frais ou salés. Vers la même époque, Simon, abbé de Saint-Bertin, obtient du pape Alexandre III l'autorisation de percevoir la dîme sur la pêche des harengs dans toute l'étendue des côtes du Calaisis Les pêcheurs refusent unanimement de se soumettre à cette charge. Un seul promet d'acquitter fidèlement l'impôt ; « mais, ajoute-t-il, la dîme doit se lever sur place : la mer est mon champ, et j'aurai soin d'y laisser le dixième de la récolte. » Cette querelle entre le pasteur et les ouailles dura plusieurs années, et se termina, comme tant d'autres, par une transaction.

S'il est aujourd'hui bien démontré que les Hollandais n'ont pas inventé l'art de saler le hareng, il n'en faut pas moins reconnaître qu'aucun peuple n'a su aussi bien qu'eux exploiter cette branche d'industrie et de commerce. Toutefois les commencements furent difficiles. Pendant près de quatre siècles, la Hollande, malgré les encouragements de toute sorte prodigués par ses comtes aux pêcheurs de harengs, arma seulement de modestes bateaux qui ne jetaient jamais bien loin du rivage leurs filets, nécessairement fort peu étendus ; mais, vers le commencement du XVe siècle, les souverains scandinaves, voulant arrêter le développement de plus en plus redoutable des villes anséatiques, ne trouvèrent rien de mieux que d'appeler sur leurs côtes les marins hollandais, et de leur permettre d'établir des pêcheries sur les côtes de Scanie. L'exemple de Hambourg et de Lubeck était séduisant. Les Hollandais construisirent de grands navires de pêche appelés *buyses*, et inventèrent les grands filets employés encore aujourd'hui. A la même époque, en 1416, Beukelings, par ses procédés de *paquage*, fit une véritable révolution dans l'art de conserver les harengs. La supériorité incontestable des poissons préparés de cette manière discrédita le produit de toutes les astres pêches, et assura pour ainsi dire aux Hollandais un monopole dont, ils reconnurent bientôt toute l'importance. Aussi, lorsque Beukelings mourut, sa patrie reconnaissante lui éleva un monument que tout bon Hollandais vénère, et sur lequel, en 1556, Charles-Quint et sa sœur, la reine de Hongrie, se partagèrent un hareng en buvant à la mémoire du simple pêcheur.

Ces honneurs n'avaient rien d'exagéré. L'invention de Beukelings fit bientôt d'un petit peuple une nation puissante. Encouragé par le succès, les pêcheurs hollandais multiplièrent leurs établissements en Scanie et poussèrent leurs flottilles jusque sur les côtes orientales des îles Britanniques, en particulier sur les fonds d'Yarmouth, où se fait encore aujourd'hui une des pêches de harengs les plus considérables. Inquiétés d'abord par les Anglais, ils obtinrent, en 1494, le traité connu sous le nom d'*intercursus*, en vertu duquel *les pêcheurs des deux nations pourront pêcher librement partout*. A partir de ce moment, l'esprit d'entreprise se développa rapidement chez eux. Dès la fin du XVe siècle, on voit 6 à 700 *buyses* faire jusqu'à trois voyages par année et rapporter chaque fois de riches cargaisons dont on évalue la valeur totale à 1,470,000 florins d'or [11]. En étendant leur commerce, les Hollandais sentirent le besoin de le protéger, En 1547, la seule ville d'Enckhuysen, ou s'étaient fixés les plus habiles apprêteurs de harengs arma huit vaisseaux pour escorter et surveiller ses barques. Six ans après, la même ville comptait vingt bâtiments de guerre, dont les frais d'armement étaient prélevés sur les produits de la pêche et qui devaient défendre au besoin les cent quarante barques envoyées à la poursuite des harengs. Cet état de prospérité se maintint ou s'accrut même rapidement pendant plus d'un siècle. En 1603, la somme produite par l'exportation totale fut de 43,397,500 francs. En 1606, l'exportation pour les pays du Nord seulement atteignit, d'après Walter Raleigh, la somme de 34,225,000 francs. En 1615, il sortit des ports de Hollande 2,000 buyses montées par 37,000 pêcheurs. Trois ans après, le nombre de ces bâtiments s'éleva à 3,000 portant 50,000 marins, exclusivement occupés de la capture des poissons, tandis que 9,000 autres bâtiments de tout genre, montés par 150,000 hommes, protégeaient et surveillaient la pêche ou servaient au transport et à la vente de ses produits. A cette époque, les Hollandais fournissaient des harengs salés aux quatre parties du monde. Ils en envoyaient dans tous les royaumes d'Europe. Ils expédiaient des cargaisons entières pour Smyrne et Constantinople ; ils approvisionnaient les ports de la Grèce, de l'Italie et les échelles du Levant, qui répandaient ensuite ces poissons dans toutes les contrées voisines ; enfin, leurs salaisons traversaient l'Atlantique et arrivaient par masses jusqu'au Brésil.

La pêche hollandaise avait atteint alors son apogée. A partir de ce moment, on voit se prononcer un mouvement de décadence. Les compagnies anglaises commençaient à se former, et Charles Ier les encourageait de tout son pouvoir. Déjà Jacques Ier avait cherché à se soustraire au traité de 1494. Il n'avait permis aux Hollandais de continuer leurs pêches sur les côtes d'Angleterre qu'à la condition de payer certains droits. Charles renouvela ces ordonnances, et, tandis que Selden et Grotius discutaient dans leurs écrits sur la souveraineté des mers, ce souverain arma, en 1636, une flotte puissante dont il confia le commandement au comte de Northumberland. Celui-ci surprit les Hollandais sur les côtes d'Angleterre, attaqua leurs vaisseaux, en coula plusieurs, et força le reste à venir dans les ports de la Grande-Bretagne signer une convention par laquelle les Provinces-Unies achetèrent le droit de pêche par une redevance de 30,000 florins.

L'expérience acquise par une longue pratique, la supériorité de leurs salaisons, auraient permis aux Hollandais de lutter facilement contre la concurrence anglaise, et ils se seraient aisément relevés de cet échec, surtout à la suite des guerres civiles qui amenèrent la mort de Charles Ier ; mais ils commirent l'imprudence d'irriter Cromwell en maltraitant les pêcheurs d'Yarmouth et en payant avec peu d'exactitude le tribut convenu. Le 24 juillet 1652, Blacke attaqua les barques hollandaises qui se rendaient à leur station ordinaire, accompagnées par douze vaisseaux de guerre. L'amiral anglais s'empara de toute l'escorte et de deux cents buyses. Vainement le célèbre Tromp, à la tête d'une escadre, chercha- t-il à venger ses compatriotes. Une violente tempête vint séparer les deux flottes ennemies prêtes à en venir aux mains. Anglais et Hollandais durent s'estimer heureux de gagner les uns le port des Dunes, les autres celui du Texel. Pendant leurs guerres contre Louis XIV, les Hollandais éprouvèrent un désastre plus grave encore : leur flottille de pêche fut entièrement détruite par une escadre française en 1703. La concurrence étrangère, qui grandissait chaque jour davantage, ne permit plus à leurs pêcheries de se relever entièrement, et les développements extraordinaires que prirent les pêches suédoises vers le milieu du XVIIIe siècle achevèrent leur ruine.

A partir de cette époque jusqu'au commencement de ce siècle, la pêche du hareng déclina de plus en plus dans ce pays, dont elle avait préparé et soutenu la puissance. L'union de la Hollande, pays essentiellement commerçant, avec la Belgique, si éminemment industrielle, accrut peut-être encore cet état de décadence. Des documents officiels publiés par le gouvernement des Pays-Bas sur la période décennale comprise entre 1814 et 1823 sont curieux à étudier à ce point de vue. En 1814, le nombre des bâtiments employés à la pêche est de 106 seulement. L'influence de la paix se manifeste par l'élévation subite de ce chiffre, qui monte à 140 dès 1815. Le maximum arrive bientôt, en 1818, ou l'on compte 168 bâtiments pêcheurs ; mais ce nombre diminue rapidement et n'est plus que de 128 en 1823. Cette année, le produit total des pêcheries hollandaises atteignit seulement 468,000 florins (987,480 fr.). Elles se trouvèrent en perte de 200,000 florins (422,000 fr.). Quelque déplorable que puisse paraître cette décadence, lorsqu'on la compare à la prospérité dont nous venons d'esquisser le tableau, elle s'est encore aggravée pendant les dix années suivantes. En 1833, il ne sortit pas une seule buyse des ports de Hollande, mais seulement 49 *flibots*, petits bâtiments d'un faible tonnage généralement destinés aux pêches côtières. Toutefois ces mauvais jours semblent être arrivés à leur terme. En 1836, la Hollande a armé 117 buyses pour la grande pêche d'été, et la pêche d'hiver, dans le Zuyderzée, a pris une extension remarquable. Cette dernière adonné à elle seule, par l'exportation de ses produits, 313,241 florins (660,938 fr.). On nous assure que ce mouvement ascensionnel a continué depuis, et que, si la pêche du hareng ne peut plus avoir pour la Hollande la même importance que par le passé, du moins elle tend à reconquérir un rang honorable parmi les industries de ce pays.

Nous avons cru devoir entrer dans quelques détails circonstanciés sur la pêche hollandaise, parce que nulle part cette industrie n'a acquis un développement pareil, et parce que c'est là un des plus frappants exemples à citer pour montrer ce que peut produire l'*exploitation de la mer*. Au hareng, étau hareng seul, est dû le rôle si considérable joué par la Hollande dans le XVIe siècle ; c'est au hareng, et au hareng seul peut-être, qu'elle doit les colonies d'outre-mer qui font encore aujourd'hui sa richesse. Le comté de Hollande, pas plus que les Provinces-Unies, n'eussent pu sans doute subvenir aux premiers frais d'établissement au Cap ou dans la terre des épices, si leurs pêcheries nationales n'avaient pas fourni les avances nécessaires pour fonder, pour protéger pour développer les comptoirs naissants. C'est qu'en effet, bien mieux que la terre, la mer récompense le labeur humain. Et cela est facile à comprendre. Celui qui demande à la mer son pain quotidien ou sa fortune n'est astreint à aucune dépense d'achat de fonds, de défrichement d'entretien, de semaille ou de culture, et pour lui tous les déboursés se réduisent à l'acquisition des ustensiles de pêche, c'est-à-dire *à des frais de récolte*.

Quoique les côtes du nord de l'Europe abondent en harengs d'excellente qualité, la pêche de ce poisson ne prit jamais, chez les peuples scandinaves, un développement comparable à ce que nous avons vu en Hollande. Toutefois les sanglants démêlés dont elle fut la cause montrent toute l'importance attachée à cette industrie par les états les plus florissants. Dès le XIIIe siècle, presque toutes les villes de la basse Allemagne possédaient en Scanie ou en Norvège des terrains que leur avaient concédés les rois de Danemark et de Suède pour y élever des pêcheries. En 1242, Éric VI, jaloux de la puissance acquise par les villes anséatiques, inquiéta les pêcheurs de Lubeck. La ligue prit aussitôt les armes, assiégea Copenhague, prit d'assaut cette capitale, la pilla et en rasa la forteresse. En 1368, Waldemar IV tenta à son tour d'enlever le droit de pêche aux villes de la confédération ; mais celles-ci, dans une assemblée tenue à Lubeck, décidèrent qu'on irait en force pêcher et saler le hareng sur les côtes de Scanie, malgré le roi de Danemark. La ligue anséatique ne s'en tint pas à ces menaces. Elle conclut avec les princes voisins, et, entre autres, avec le roi de Suède, un traité par lequel on devait attaquer et démembrer le Danemark. La confédération laissait ses alliés se partager le territoire. Pour sa part, elle se réservait la franchise et quelques privilèges dans les ports des deux royaumes, la faculté de pêcher le hareng en Scanie moyennant un droit de 20 deniers par *last* [12], et celle de transporter ce poisson à travers le Sund, en payant seulement 11 shellings (environ 3 fr. 60 cent.) [13] par bâtiment. Les hostilités ne se firent pas attendre, et, en 1369, les confédérés s'emparèrent de Copenhague et de plusieurs autres villes. Toutefois la paix fut conclue l'année suivante, et les villes anséatiques obtinrent pour leurs pêches des concessions qui furent confirmées plus tard par les successeurs de Waldemar. Depuis cette époque, les pêcheries danoises ont conservé une activité assez régulière, qui s'est soutenue jusqu'à nos jours. En 1830, la compagnie d'Altona armait à elle seule trente navires pour la pêche du hareng, et quatre ans avant, en 1826, le registre d'Aalborg avait constaté, pour cette ville seule, une exportation de 60,500 barils de harengs salés.

Jusque vers le milieu du XVe siècle, les côtes de la Scanie furent le grand centre des pêches scandinaves ; mais, à cette époque, les harengs semblèrent abandonner les rivages du Danemark pour ceux de la Suède et de la Norvège. Les pêcheurs les suivirent, et de nombreux établissements s'élevèrent dans la ville de Bohus, qui devint en peu de temps le rendez-vous de nombreux navires allemands, frisons, hollandais, anglais, écossais, qui venaient acheter le poisson pêché et préparé par les Suédois. Cet état de prospérité dura jusque vers 1588. A partir de cette époque, l'abondance des harengs alla toujours en diminuant, et, dans les premières années du XVIIe siècle, on ne trouvait, pour ainsi dire, plus de trace de cette prospérité passagère. Malgré les efforts soutenus de Gustave-Adolphe, de Christine, de Charles XI, la pêche du hareng languit en Suède jusque vers le milieu du XVIIIe siècle ; mais, en 1746, d'innombrables bancs de harengs reparurent dans les baies du Bohusland et réveillèrent l'ardeur des populations. Le gouvernement aida au mouvement par des mesures qui eurent un plein succès. En 1759, le produit de la pêche faite dans ces parages s'éleva à près, de 200,000 tonnes. En 1763, on emprunta aux Hollandais leurs procédés de paquage, et bientôt les harengs suédois rivalisèrent sur tous les marchés avec les harengs de Hollande. Gothembourg devint le centre de ce commerce. Ses bâtiments inondèrent de leurs cargaisons toute l'Allemagne, pénétrèrent dans la Méditerranée, et poussèrent jusqu'à Madère et aux Antilles. En 1775, le port dont nous parlons exporta à lui seul 94,594 barils de harengs. En 1781, le chiffre de cette exportation s'éleva à 136,649 barils [14] : ce fut la plus brillante époque des pêches suédoises. Dans les dernières années du XVIIIe siècle, les bancs de harengs se montrèrent de plus en plus rares, leurs apparitions devinrent tardives et irrégulières. En 1799, la pêche suffit à peine à la consommation locale, et l'exportation de ce poisson fut prohibée. Enfin, en 1800, l'Écosse commença à importer des harengs dans ce même pays, qui naguère en approvisionnait l'Europe et jusqu'aux îles d'Amérique. Ce triste état de choses paraît s'être prolongé jusqu'à nos jours, car le hareng ne figure pour rien dans les tableaux du commerce suédois que nous avons sous les yeux.

De tous les états européens, la Grande-Bretagne est peut-être celui qui fournit les documents authentiques les plus anciens sur la pêche du hareng. Il en est fait mention, Dès 709, dans la règle des revenus et offices des monastères d'Evesham. En outre, la mer qui baigne les Iles Britanniques est peut-être la plus riche en harengs. Aussi voit-on, à ces époques reculées, la pêche de ces poissons présenter sur les côtes d'Angleterre et d'Écosse une activité remarquable ; mais, Dès 1429, cette ardeur se ralentit. Le roi Jacques défendit de vendre aux étrangers les harengs que ceux-ci, surtout les Hollandais, venaient acheter en mer par grandes cargaisons. Cette ordonnance, en fermant un débouché considérable, en stimulant le génie actif des Hollandais, porta aux pêcheries écossaises un coup dont elles ne purent se relever. Vers le milieu du XVIe siècle, la pêche du hareng sur les côtes des Iles Britanniques était en entier aux mains des Hollandais et des Espagnols.

Les rois de la Grande-Bretagne ont fait longtemps des efforts inutiles pour changer cet état de choses. Jusque vers le milieu du XVIIIe siècle, nous les voyons encourager la formation de compagnies puissantes, en leur accordant des privilèges qui semblent devoir assurer le succès. Des princes du sang entrent dans ces associations, que dirigent les membres les plus éminents de la chambre des lords. Des encouragements de tout genre leur sont prodigués, et néanmoins les compagnies se ruinent et tombent l'une après l'autre. Sans se laisser effrayer par cet insuccès, on crée, en 1749, la société des pêches britanniques [15]. Le capital social est porté à 500,000 livres sterling (12,500,000 francs) ; le prince de Galles accepte la présidence ; l'état dépense des sommes considérables en primes d'exportation, et, grâce à ces moyens réunis, la société, en 1753, met en mer près de mille flibots ; mais ce n'était là qu'une surexcitation artificielle qui n'amena nul profit réel. Les privilèges exorbitants attribués à la compagnie anglaise eurent pour résultat d'anéantir l'industrie privée, surtout en Écosse, tandis que les frais de création et d'entretien d'un matériel exagéré absorbaient tous les bénéfices. Aussi, Dès 1766, la société était-elle en pleine décadence, et la guerre qui s'éleva entre la France et l'Angleterre ne fit que hâter une ruine devenue inévitable.

On voit, par les journaux de cette époque, que ces coûteuses expériences commençaient à être comprises, et que le système des compagnies privilégiées était jugé sévèrement. Aussi, lorsqu'au commencement de ce siècle l'Angleterre a voulu raviver l'industrie dont nous parlons elle s'est bien gardée de tomber dans les mêmes fautes. Les encouragements et les primes se sont adressés à tous, et les résultats heureux de ces mesures libérales ne se sont pas fait attendre. L'art des salaisons a été perfectionné au point qu'en 1826 les harengs d'Ecosse, portés sur le marché de Hambourg, ont été préférés à ceux qui avaient été préparés en Hollande. Depuis 1809, le nombre des pêcheurs a été toujours croissant, de telle sorte qu'en 1826 on a compté 10,363 bateaux ou barques montés par 44,598 pêcheurs, qui ont fourni la matière première à 76,041 marineurs ou saleurs. Dans cette même période, le chiffre des exportations s'est élevé avec une rapidité extrême [16], et, en 1835, la pêche écossaise, à elle seule, a fourni 402,000 barils de harengs. Si le rendement a diminué de près de moitié l'année suivante, il faut l'attribuer à une disparition subite du poisson par suite d'un phénomène analogue à ceux que nous avons déjà mentionnés plusieurs fois, et sur lesquels nous reviendrons plus loin. Quoi qu'il en soit, la pêche du hareng est devenue, pour les Iles Britanniques, de plus en plus fructueuse, et prendra, sans nul doute, des développements nouveaux sous l'influence de la convention, conclue, malheureusement pour nous, en 1839, entre la France et l'Angleterre.

La pêche des harengs n'a jamais eu en France l'importance que nous lui avons vue acquérir chez les peuples étrangers. Cet état d'infériorité tient peut-être, il faut bien le dire, au défaut d'encouragements et aux entraves administratives ou réglementaires dont elle a été trop souvent surchargée. Nous voyons, il est vrai, à de longs intervalles, Philippe-Auguste, Louis IX et Henri IV s'occuper de cette industrie et chercher à la favoriser ; mais habituellement nos pêcheurs, abandonnés à leurs seules ressources, ont eu à lutter à la fois contre la concurrence étrangère et contre les tracasseries du fisc ou des employés de la gabelle. Néanmoins quelques-unes de nos villes maritimes trouvèrent dans le commerce du hareng des éléments de prospérité. Dans le XIVe siècle, Caen, Rouen et Dieppe servaient d'entrepôts à d'immenses quantités de harengs salés venant du Nord, et qui sortaient ensuite de ces villes pour se répandre en France et jusque dans le Levant. Dieppe se livrait en outre à la pêche et armait de cent à cent cinquante grands *dro-gueurs* ou navires du port de cent tonneaux, sans compter de nombreuses *barges* ou barques non pontées. Plus tard, toutes les villes du littoral suivirent cet exemple, et la France s'affranchit presque entièrement du tribut qu'elle avait longtemps payé à l'étranger. En 1789, le petit port de Fécamp comptait à lui seul 51 bateaux montés par 1,500 hommes, et le produit de la pêche était évalué à 3,252 lasts (7,531,632 kilogr.) [17].

Nos pêcheries de harengs, anéanties pendant les guerres de la république et de l'empire, se sont peu à peu relevées. En 1821, elles n'employaient encore que 295 bateaux, montés par 4,246 marins et jaugeant 8,055 tonneaux ; en 1847, le nombre des bateaux armés pour cette pêche a été de 633, portant 7,106 marins et jaugeant 13,745 tonneaux [18]. Les produits pendant la période comprise entre 1843 et 1847 ont varié de 13,772,780 kilogrammes à 23,339,480 kilogrammes, représentant une valeur minimum de 3,443,195 francs à 5,834,795 francs. Cette résurrection de la pêche du hareng s'est d'ailleurs faite d'une manière très inégale. Dunkerque, par exemple, qui, dans les siècles passés, armait jusqu'à 500 buyses équipées à la hollandaise, s'est jetée presque entièrement sur la pêche le la morue, et compte à peine une dizaine de petits bateaux destinés à poursuivre le hareng [19]. Dieppe, au contraire, a presque recouvré, sous ce rapport, son ancienne activité. De 1838 à 1847, elle a reçu chaque année dans son port de 158 à 229 bateaux chargés de harengs, et la moyenne annuelle des produits pendant cette période a été de 3,371,334 kilogrammes de harengs frais ou salés en mer, représentant une valeur de 1,155,357 francs [20]. Toutefois la ville de Boulogne-sur-Mer paraît être aujourd'hui en France le centre principal de la pêche du hareng. Aussi allonsrious entrer à ce sujet dans quelques détails propres à donner une idée précise de l'état actuel de cette industrie [21].

A Boulogne comme sur tout le littoral, la pêche du hareng se divise en deux périodes principales. La *pêche d'été* se fait sur les côtes d'Écosse au mois d'août et de juillet ; la *pêche d'hiver* se fait sur nos côtes du 1er octobre au 31 décembre. En moyenne, les bâtiments employés dans la première sont du port de 25 tonneaux, les barques suffisantes pour la seconde ne jaugent que 17 tonneaux ; mais, comme la pêche d'hiver occupe un plus grand nombre de bateaux, il en résulte que son tonnage total moyen est supérieur à celui de la pêche d'été [22]. De 1843 a 1848, la pêche d'été a employé en moyenne 92 bâtiments jaugeant 2,289 tonneaux, et la pêche d'hiver 151 barques jaugeant 2,573 tonneaux. La première a occupé 866 marins et 137 mousses, la seconde 1,473 marins et 302 mousses.

Le rendement en nature de ces pêches, calculé sur une période de dix ans, de 1838 à 1848, présente les résultats suivants : la pêche d'été a donné pour moyenne annuelle 1,875,640 kilogrammes, et la pêche d'hiver 3,622,224 kilogrammes de harengs ; le total moyen est donc de 5,497,864 kilogrammes. Sur ces produits bruts, 3,154,060 kilogrammes ont été salés, *paqués* ou *sauris* : 2,343,804 kilogrammes ont été consommés à l'état frais, ou rejetés comme rebut. Le produit en argent a été pour la pêche d'été de 467,462 francs, pour la pêche d'hiver de 809,399 francs. Ainsi, pendant les dix années qui viennent de s'écouler, Boulogne a retiré en moyenne de ses pêcheries de harengs une somme de 1,276,861 francs.

Aujourd'hui plus que jamais on est porté à se demander comment se répartit cet argent, quelle est dans ce produit total la part faite à l'*intelligence*, au *travail manuel* au *capital*. Les renseignements transmis par M. Demarle sur la pêche de Boulogne, d'accord avec ce que nous avons vu pratiquer ailleurs, nous permettent de répondre à ces questions d'un intérêt si actuel, et de montrer comment ce formidable problème social s'est résolu ici d'un commun accord sous l'empire seul de circonstances favorables et d'une entière liberté. Le régime de cette industrie est celui de la *participation* ; nos socialistes modernes diraient le régime de l'*association* ou de la *solidarité*. Un capitaliste, autrefois désigné sous le nom d'*hôte de pêche*, aujourd'hui par celui d'*écoreur*, fait construire et gréer un bateau dont le prix moyen, d'ailleurs variable avec le tonnage, est de 10,000 francs. L'écoreur choisit un *maître*, marin et pêcheur expérimenté, qui d'ordinaire, possédant quelques avances, rembourse une partie des frais de construction et d'armement, et devient ainsi associé. Le maître forme à son gré l'équipage, composé ordinairement de douze matelots et de deux ou trois mousses [23]. L'association ainsi constituée ne se livre pas seulement à la pêche du hareng, elle s'occupe aussi de celle du maquereau, la plus importante des pêches printanières après celle du hareng, et de celle des poissons plats, coquillages, crevettes, etc.

L'actif de la société se compose du montant des ventes des produits de la pêche ; le passif comprend certains frais d'armement, tels que vivres, sel, tonnes, etc., les avariés éprouvées par le bateau ou le gréement, un léger droit perçu par la ville pour subvenir aux frais de surveillance et de régularisation des ventes, cautionnements, etc., l'intérêt des avances faites par l'écoreur ; enfin, le *droit d'écorage*, représentant le bénéfice attribué au capital, et qui est de 5 pour 100 sur le produit *brut* de la pêche.

Tous ces frais une fois payés, le produit net se partage de la manière suivante : le maître reçoit une part et demie, chaque matelot une part, les mousses, selon leur âge, un quart, un tiers ou une demi-part ; le bateau compte en outre pour deux parts, et c'est avec les économies que le maître réalise sur elles qu'il achève, à la longue, de rembourser l'écoreur. On voit que, grâce à ces arrangements, le marin pauvre, mais intelligent et de bonne conduite, d'abord simple intéressé dans l'entreprise, devient ensuite associé, et enfin seul propriétaire du bateau qui a navigué sous son nom.

Les syndics de Boulogne, en rapports journaliers avec les pêcheurs, estiment à 650 francs en moyenne la part de chaque matelot [24]. En adoptant cette évaluation, on trouve que l'association formée entre l'écoreur, le maître et l'équipage, rapporte, tous frais d'entretien du bateau payés, environ 11,725 francs [25]. Ainsi, avec 10,000 fr. de capital, qu'il place à *dix pour cent* au moins, l'écoreur a fourni du travail et du pain à quinze personnes, et donné à un prolétaire doué d'intelligence et d'activité la chance à peu près certaine de devenir industriel pour son compte. Avions-nous tort de prôner plus haut l'exploitation de la mer ? Quelle propriété ou quelle entreprise de *terre* garantit *en moyenne* de semblables résultats ?

Les harengs figurent pour 250 francs dans chaque part, et par conséquent pour 6,312 francs dans le produit total [26]. Ces chiffres seuls disent assez quelle est l'importance de cette pêche, et pourtant nous n'avons encore parlé que de ses produits *immédiats*. Or, une fois transporté à terre, le hareng, on le sait, devient l'objet d'une véritable industrie. Les saleurs, les paqueurs, les saurisseurs, s'emparent de ce poisson ; les femmes, les filles des pêcheurs trouvent dans leurs ateliers une occupation qui dure plusieurs mois de l'année. *Paqués*, c'est-à-dire salés à la hollandaise ; *sauris*, c'est-à-dire fumés après avoir subi quelque temps l'action du sel, les harengs se conservent, bravent l'action putréfiante des contrées les plus chaudes, et sont pour Boulogne l'objet d'un commerce considérable. Depuis dix ans, cette ville a préparé en moyenne 24,262 barils, représentant en poids 3,154,060 kilogrammes de hareng [27]. Là cependant ne se bornent pas les avantages qu'il est possible de retirer de la pêche de ces poissons. A Boulogne comme partout, pour paquer ou saurir le hareng, on lui arrache les ouïes et les entrailles qui sont jetées au fumier comme ne pouvant servir à rien ; eh bien ! il serait très facile d'utiliser ces *guignes*, ainsi que les poissons jetés au rebut, en adoptant en France une industrie qu'on connaît à peine de nom, et qui a pourtant aidé puissamment à la prospérité de certaines nations maritimes, de la Suède en particulier. Nous voulons parler de la fabrication de l'huile de hareng, huile qui, quoique inférieure sous quelques rapports, à l'huile de baleine, peut néanmoins la remplacer dans la plupart des cas.

Cette fabrication ne serait pas absolument nouvelle en France. Colbert, dont l'intelligence a embrassé l'industrie dans presque tous ses détails, avait songé à en favoriser l'établissement sur les côtes de Normandie et de Bretagne. Malheureusement il adopta, dans cette circonstance le régime des compagnies privilégiées, et le monopole eut encore une fois ses résultats habituels. En 1672, une société se forma, s'installa sous les plus brillants auspices dans les villes de Dieppe, de Fécamp et de Saint-Valéry, et disparut bientôt, effrayant par son insuccès ceux qui auraient pu être tentés de l'imiter. Chez les Anglais, les Hollandais, les Américains, les Suédois, cette industrie, constamment libre, a, au contraire, donné des résultats fructueux, et la France a toujours été tributaire de ces diverses nations. Noël de La Morinière, à qui nous empruntons ces détails, estime l'importation annuelle de 6,000 à 10,000 tonneaux au moins [28].

La Suède est, de toutes les contrées de l'Europe, celle ou cette industrie a présenté le plus de développement. En 1750, un nommé Bauer, ayant préparé de l'huile de hareng pour son usage particulier, le baron Cahman, frappé des avantages que pouvait présenter cette fabrication n'épargna ni soins ni sacrifices pour en doter son pays. On n'employa d'abord que les branchies et les intestins ; mais l'huile ainsi obtenue ayant trouvé des débouchés avantageux, et les harengs fréquentant alors en très grand nombre les rivages de la Suède, on se décida, en 1776, à *brûler* ou plutôt à *cuire* le poisson entier. Les bénéfices considérables réalisés par ce moyen excitèrent l'émulation. En 1783, on comptait plus de 200 *brûleries* bâties sur les rochers qui bordent la côte de Gothembourg jusqu'à Stramstadt. Cette position, en permettant de débarquer le poisson frais dans les brûleries mêmes et de se débarrasser facilement des résidus, favorisa d'abord la prospérité de ces établissements, et fut plus tard la cause de leur destruction En effet, la pêche ayant diminué, comme nous l'avons dit plus haut, on attribua la disparition du poisson à ces masses de *trangrum* ou marc de harengs bouillis qu'on jetait à la mer. Bien que cette opinion fût probablement mal fondée, le gouvernement, cédant au préjugé, ordonna de transporter ce marc dans l'intérieur des terres et de l'enfouir, ce qui ne pouvait se faire sans de grands frais. Les brûleurs furent ensuite obligés d'abandonner les côtes. D'autres tracasseries vinrent se joindre à ces premières mesures restrictives, et, bien que la fabrication de l'huile de hareng n'ait jamais disparu entièrement de la Suède, elle déclina rapidement et n'a jamais recouvré depuis son ancienne activité.

Le procédé employé pour extraire l'huile de hareng est des plus simples. On fait bouillir ces poissons, pendant cinq ou six heures, dans de grandes chaudières en cuivre, en ayant soin de remuer constamment jusqu'à ce que les harengs soient réduits en pâte. Alors on arrête le feu, on ajoute de l'eau froide, et on laisse reposer le tout pendant deux ou trois heures. On enlève ensuite l'huile qui surnage, et on la met en baril après l'avoir laissé déposer pendant quelque temps et l'avoir filtrée une dernière fois. Si la cuisson a été trop prolongée, l'huile ainsi obtenue est plus ou moins brunâtre ; dans le cas contraire, elle est blanche limpide, et se prend en masse, comme l'huile d'olive, par l'action du froid. Dans cet état, elle est très estimée des Kamtchadales, qui l'emploient comme aliment, et celle du Kamtchatskoï-Ostrog inférieur se donne et s'accepte en cadeau comme une friandise. On voit que nos villes maritimes pourraient utiliser par la fabrication de cette huile les *guignes* de harengs et les poissons de rebut, jusqu'à présent sans usage. Elles pourraient aussi, dans le cas où les harengs seraient très abondants, imiter les Suédois, et sacrifier l'animal entier à cet usage. Toutefois il nous paraît peu probable que de longtemps elles en viennent là ; mais il est une autre manière d'atteindre le même but, c'est d'installer des brûleries à bord des grands bâtiments de pêche, et d'aller chercher des chargements d'huile dans les parages mêmes ou les harengs sont à la fois les plus gros et les plus gras, comme, par exemple, aux îles Feroë [29]. Cette idée, qui appartient à Noël de La Morinière, nous paraît d'autant plus juste, la réalisation donnerait des bénéfices d'autant plus certains, que, grâce aux progrès récenrs des sciences appliquées, l'industrie marine dont nous parlons toucherait ici aux intérêts de l'agriculture, et trouverait un élément de prospérité dans ce qui fut une cause de ruine pour les brûleries suédoises.

En effet, Noël de La Morinière nous apprend que le trangrum était regardé en Suède comme le meilleur des engrais. Si les brûleurs se virent forcés de l'enfouir en pure perte, c'est que le pays ne pouvait suffire à en consommer les masses énormes qui sortaient annuellement de leurs chaudières [30]. M. Valenciennes, en rapportant ces faits, n'a pas hésité à regarder ce résidu comme pouvant offrir une précieuse ressource à l'agriculture, et nous adoptons en tout point cette opinion. Le trangrum doit être au moins l'égal de ce fameux guano que des flottes entières sont allées chercher à grands frais jusque sur les rivages d'Amérique, et dont les couches amoncelées par l'action si lente des siècles s'épuisent rapidement. Composé presque uniquement de substance azotées et renfermant en outre du phosphore à divers états de combinaison, le trangrum présente tous les éléments nécessaires à l'alimentation des végétaux, et surtout des céréales ; mais, pour que son emploi se généralise, il faut pouvoir le transporter, et quelques précautions deviennent ici nécessaires, car la putréfaction s'emparerait bien vite de cette bouillie animale abandonnée à elle-même. Parmi les procédés propres à en faire un objet de commerce, la dessiccation nous semble devoir être préférée. Il suffirait, pour cela, de soumettre la masse à l'action d'un pressoir, de sécher les gâteaux ainsi obtenus dans une étuve à courant d'air chaud, alimentée par le feu même des chaudières, puis de les mettre en caisse ou en baril. On voit que désormais les brûleries peuvent sans crainte s'installer au bord de la mer ; on voit aussi que les *navires brûleurs* auront d'autant moins à craindre de revenir à vide, qu'ils pourront rapporter et l'huile et le trangrum

Armand de Quatrefages

qui l'aura fournie [31]. Joignons à ce qui précède l'importance de la pêche des harengs, considérée comme école de jeunes marins [32], et l'on comprendra combien sont graves et nombreux, les intérêts qui se rattachent à cette industrie ; aussi a-t-elle attiré à diverses reprises l'attention des chefs de l'état. Malheureusement, en France, les intentions des divers gouvernements ont été souvent plus bienveillantes qu'éclairées. Sur ce point, comme sur bien d'autres, la législation des pêches laisse beaucoup à désirer. Sans entrer ici dans des détails qui nous entraîneraient beaucoup trop loin, nous nous bornerons à citer deux exemples qui ne justifieront que trop notre assertion.

On sait que le sel employé aux salaisons est délivré en franchise de tout droit. Malheureusement le fisc fait acheter cette faveur par une multitude de précautions dont on comprend jusqu'à un certain point l'utilité, quand il s'agit de salaisons faites à terre, mais qui, appliquées à celles qui se fabriquent en mer, n'ont d'autres résultats que d'arrêt ou de paralyser tous les efforts. Moins heureux que les pêcheurs de morue, les pêcheurs de hareng n'ont pu encore obtenir d'être placés sous le même régime. Aux premiers, on accorde tout le sel qu'ils demandent sur la seule condition de réintégrer en entrepôt ce qu'ils n'auront pas employé. Quant aux seconds, quel que soit le tonnage du bateau, ils ne peuvent en obtenir au-delà de 6,250 kilogrammes, quantité très insuffisante pour les besoins d'un grand navire. Ainsi l'administration met les pêcheurs dans la nécessité absolue ou de n'employer que de petits bâtiments, résultat déplorable au point de vue de l'éducation des hommes et du développement de la marine, ou de ne préparer en mer que des salaisons défectueuses, incapables de soutenir à concurrence étrangère, ou de revenir à terre avant d'avoir complété leur chargement, quelque favorable que puisse être la pêche. Ne semble-t-il pas qu'il doive suffire de signaler un pareil état de choses pour le voir cesser à l'instant ? Et pourtant les sollicitations maintes fois répétées de nos villes de pêche n'ont pu jusqu'à ce jour obtenir une réforme que l'administration elle-même, en 1844, a reconnue être vraiment indispensable.

Une simple ordonnance ministérielle suffirait pour porter remède au mal que nous venons d'indiquer ; il n'en est pas de même de celui que nous allons signaler, mal d'autant plus grave, qu'il attaque la pêche dans sa source même, et qu'il s'agit d'une de ces conventions internationales qu'on ne modifie pas aisément. Nous voulons parler du traité entre la France et l'Angleterre conclu en 1839, complété par le règlement de1843 et par l'ordonnance de publication et la loi pénale de 1846. Sollicité par la France, dans la pensée d'assurer à nos pêcheurs nationaux l'exploitation des huîtrières de la baie de Granville, ce traité pose en principe général l'éloignement réciproque des pêcheurs des deux nations à trois milles au-delà des points qui découvrent lors des grandes marées. Cette clause a chassé nos pêcheurs des parages ou ont eu lieu de tout temps les pêches de hareng les plus abondantes. Les résultats ne se sont pas fait attendre. De 1846 à 1847, le nombre des navires envoyés par Boulogne à la pêche d'été est tombé de 88 à 63, c'est-à-dire que les armements ont diminué de près du quart. Par contre, les achats frauduleux de poisson étranger ont pris une activité nouvelle que semble désormais excuser l'état d'infériorité ruineuse ou le nouveau régime a placé nos pêcheries [33]. Obtenir le rapport de cette convention, en ce qu'elle a de trop onéreux pour nous, serait un véritable bienfait pour des populations entières. Mais l'Angleterre est avertie : depuis la mise en vigueur du traité de 1839, sa pêche a pris une extension considérable ; des localités, dont la misère était proverbiale, sont aujourd'hui dans l'aisance [34], et il est bien à craindre qu'instruite par l'expérience, elle ne veuille renoncer à aucun de ces avantages.

On se plaint généralement que les harengs deviennent plus rares sur nos côtes de la Manche. Le relevé des pêches d'hiver faites à Boulogne pendant les dix dernières innées n'indique pourtant pas de diminution sensible. Ce relevé présente seulement dans les résultats annuels une alternance assez régulière, d'ou il résulte que les produits des années exprimées par un nombre pair sont toujours de beaucoup plus considérables que ceux des années de nombre impair. Au reste, nous avons vu par l'histoire des pêches de Suède que l'apparition des harengs n'a rien de régulier, que les côtes les plus favorisées pendant un certain nombre d'années peuvent tomber plus tard dans un état de pauvreté désespérante, et nous aurions pu sans peine multiplier ces exemples. Tant qu'on a cru aux voyages des harengs, on a expliqué ces irrégularités en disant que leurs colonnes s'écartaient de ces parages pour des raisons difficilement appréciables. Aujourd'hui que le système migratorial doit évidemment être abandonné, il est nécessaire de chercher une autre cause à ces variations. Qu'on ne voie pas ici une simple question de curiosité ; la solution de ce problème intéresse peut être l'avenir et la sécurité de toutes les industries dont nous venons de tracer le tableau.

En effet, si l'ancienne explication est fondée, si les harengs n'arrivent sur nos côtes qu'en voyageurs partis des mers polaires, le mal est sans remède, car nous ne saurions apprécier les mille accidents qui peuvent faire dévier leurs innombrables armées. Si, au contraire, les harengs sont originaires de nos mers, il n'est pas impossible de prévenir ces disparitions presque complètes qui jettent dans la misère des populations naguère florissantes. Dans cette dernière hypothèse, que tout nous prouve être la vraie, l'appauvrissement progressif des mers de Suède s'explique très aisément par le mode de pêche employé dans ces contrées. Les côtes scandinaves sont, on le sait, creusées de petites baies étroites et profondes. Quand un banc de harengs s'engageait dans un de ces culs-de-sac, on barrait l'entrée avec un immense filet, que de forts cabestans ramenaient peu à peu vers le fond. On prenait ainsi *tout* le poisson enfermé dans ces pièges naturels. C'est par ce procédé que les Suédois étaient arrivés à enlever de la mer jusqu'à 400,000 tonnes de harengs ; mais cette dévastation exercée sur une espèce animale qui ne s'approche de terre que ; pour frayer, et qu'on empêchait ainsi de réparer ses pertes, devait rapidement porter ses fruits ; la pêche suédoise a succombé par suite même de ses succès exagérés.

Et pourtant il était peut-être facile de conserver à cette pêche ses proportions colossales, tout en assurant la reproduction des harengs. Les fécondations artificielles, jusqu'ici réservées aux recherches scientifiques ou appliquées seulement à des viviers d'une petite étendue, auraient certainement atteint ce résultat d'une façon plus ou moins complète. En tout cas, elles auraient prévenu une dépopulation entière. Il aurait suffi de mélanger dans des proportions convenables les œufs bien mûrs d'un certain nombre de femelles et la laitance de quelques mâles, puis de déposer le tout dans des criques abritées ou la pêche aurait été sévèrement défendue. Animés par le contact fécondateur, les œufs se seraient développés dans ces espèces de *couvoirs*, et les petits harengs auraient bien su se répandre le long des rives voisines, de manière à trouver leur nourriture. En admettant que chaque femelle employée contînt en moyenne trente mille œufs, en supposant que le tiers seulement de ces germes fût venu à bien, on voit que chaque millier de harengs consacré à cet usage aurait donné naissance à dix millions de jeunes, qui, parvenus à l'état adulte, représentent près de dix mille barils, ou treize millions de kilogrammes de poisson. Il va sans dire que ce qui précède s'applique aux côtes de la France aussi bien qu'à celles de la Suède.

En employant des œufs fécondés naturellement, qu'il recueillit sur les plantes marines et qu'il transporta avec de grandes précautions, Franklin parvint à naturaliser les harengs dans une baie d'Amérique ou ils n'avaient jamais paru. En présence de ce fait, on ne saurait douter de la possibilité de multiplier ce poisson dans les localités qui lui sont familières, fallût-il s'en tenir au procédé de l'illustre Américain. Cependant, à moins de rencontres fortuites, comme en présente l'histoire des pêches, il n'est nullement aisé de ramasser une grande quantité de frai. Rien d'ailleurs au premier coup d'œil ne distingue les œufs fécondés de ceux qui ne le sont pas. Ce procédé est donc difficile et incertain. Au contraire, grâce aux fécondations artificielles, on opère à coup sûr et sur des quantités d'œufs que rien ne limite. C'est donc à elles qu'on devra recourir. Sans doute des tâtonnements seront d'abord inévitables, les premiers essais échoueront peut-être, plus tard même il faudra bien subir quelques mécomptes ; mais quelle industrie est à l'abri de ces inconvénients ?

Nous avons dit ailleurs qu'on pouvait *semer du poisson comme on sème du grain* ; nous ne craignons pas de répéter ici ces paroles et d'ajouter qu'il faut *ensemencer la mer*. Qu'on ne s'effraie pas de ce que cette idée peut avoir de gigantesque au premier coup d'œil. Il s'agit simplement d'appliquer sur une plus grande échelle un procédé qui a déjà réussi, qui réussira certainement. L'immensité du champ ne fait rien à la chose. Féconder artificiellement quelques millions d'œufs de poisson pour repeupler une certaine étendue de côtes n'est certes pas plus étrange que de faire un télégraphe avec un appareil électrique de vingt ou trente lieues de long, et les intérêts dont il s'agit ici valent bien la peine qu'on fasse une tentative dont l'analogie et l'expérience garantissent d'ailleurs le succès.

NOTES

1.   Histoire naturelle du Hareng, par M. A. Valenciennes, de l'Académie des Sciences, professeur de zoologie au Muséum d'histoire naturelle. — Extrait du t. XX de l'Histoire naturelle des Poissons, par MM. G. Cuvier et A. Valenciennes.

2.   On sait que le projet sur l'enseignement agricole présenté par M. Tourret et adopté par l'assemblée nationale renferme des dispositions destinées à combler cette lacune.

3.   Artedi, médecin suédois, se noya à l'âge de trente ans dans un canal de Leyde en 1735. Son Histoire des Poissons, publiée après sa mort par les soins de Linné, dont il était l'ami, annonce un naturaliste éminent.

4.   Le reproche que nous adressons ici à Cuvier, à propos de sa famille des clupes, peut s'étendre au Règne Animal tout entier. Trop souvent, dans cet immortel ouvrage, des animaux qui demanderaient à être reportés dans des familles distinctes se trouvent réunis dans une seule famille, qui par cela même cesse d'être naturelle. Ce défaut tient à la manière dont Cuvier a procédé dans l'établissement de ses coupes. Il partait des plus générales et descendait successivement jusqu'au genre, qui était pour lui l'élément principal. En cela, il agissait d'une manière toute différente de celle qu'avait suivie l'illustre Jussieu pour la classification des plantes. Celui-ci formait d'abord des familles naturelles qu'il groupait ensuite en ordres et en classes ou subdivisait en genres, selon ses besoins. Telle avait été aussi la méthode instinctivement suivie par Linné, dont les genres sont en réalité des familles naturelles Cuvier, en adoptant et en réunissant les genres linnéens, a presque toujours mis des famille dans des familles, si l'on peut s'exprimer ainsi. Le désordre qui règne encore aujourd'hui dans les classifications zoologiques tient certainement à ce qu'il y a eu de vicieux dans ce point de départ, et ne disparaîtra que lorsque les zoologistes, adoptant la méthode de Jussieu, prendront la famille pour élément ; pour unité.

5.   Stridentesque focis opsonia plebis alausas.

6.   Le garum était une espèce, de sauce, ou mieux, d'assaisonnement tellement estimé des Romains de la décadence, qu'ils le

payaient parfois au poids de l'or. Martial fait dire à une parvenue :

Nobile nunc sitio luxuriosa garum.

Cependant, à en juger par une autre de ses épigrammes, Martial ne partageait pas le goût de ses contemporains :

Unguentum fuerat, quod onyx modo parva gerebat :

Nunc, postquam. olfecit Papilus, ecce garum est.

La répugnance du poète se comprend aisément. Le garum n'était autre chose que le liquide échappé de diverses substances animales en putréfaction (sanies putrescentium) après avoir été saupoudrées de sel et mêlées à des feuilles de thym, de laurier, etc. Le plus estimé se fabriquait avec la tête, les ouïes et les intestins du maquereau. L'anchois, le picarel et d'autres poissons étaient employés au même usage. On fabriquait d'ailleurs le garum avec bien d'autres substances, et nous ne savons plus quel auteur ancien vantela saveur de celui qu'on retirait des sauterelles.

7.   Noël de La Morinière, naturaliste, antiquaire et numismate distingué, avait été longtemps inspecteur des marchés de Rouen pour la vente des poissons. Plus tard, il fut nommé inspecteur-général des pêches. Ses connaissances pratiques le mirent à même de rendre de véritables services dans cette place, qui, malheureusement, fut supprimée à la mort du titulaire. Il avait entrepris une Histoire générale des pêches chez les anciens et chez les modernes ouvrage dont il n'a publié qu'un volume. Ses manuscrits, restés entre les mains de Cuvier, sont passés à M. Valenciennes, qui les cite très souvent avec éloge dans l'Histoire générale des poissons.

8.   Règne animal, édition, 1829.

9.   On nomme ainsi l'ensemble des filets et de leurs apparaux.

10.   Ce pêcheur illustre, — qu'on nous permette l'expression, — est appelé par divers auteurs Benkals, Benkelings, Buckalz et Denkelzoon. Il mourût en 1447.

11.   Environ 30,870,000 francs.

12.   Un last suédois se compose de 12,000 harengs.

13.   Le shelling du Sund vaut environ 33 centimes.

14.   Le baril suédois renferme 1,200 harengs

15.   Society of the free British Fishery.

16.   Nous croyons devoir citer ici quelques chiffres propres à donner une idée de la rapidité de ces progrès :

Années	barils salés	barils exportés
1810	90,185	35,848
1815	160,139	141,305
1821	242,195	195,805
1826	379,233	207,037

17.   Le last de terre dont il est ici question vaut 100 mesures, et la mesure au double décalitre pèse, d'après la moyenne adoptée par la douane ! 23 kilogrammes 16 décagrammes. Le last de mer vaut 12 tonnes, et la tonne pèse 160 kilogrammes

18.   Documents communiqués par M. Ozenne, chef de bureau au ministère du commerce ; Nous devons faire remarquer que 1847 présente une diminution sensible sur les autres années, surtout sur la période comprise entre 1835 et 1839, époque à laquelle le tonnage des bateaux pêcheurs employés à la pêche du hareng s'est élevé jusqu'à 29,730 tonneaux, et le nombre des marins jusqu'à 11,025.

19.   Renseignements communiqués par M. Despouy, président de la chambre du commerce.

20.   Renseignements communiqués par le secrétaire archiviste de la chambre du commerce.

21.   M. Demarle aîné, président de la chambre de commerce de Boulogne, a bien voulu répondre aux questions que nous lui avions adressées par un relevé très bien fait et très détaillé de tous les faits relatifs à la pêche du hareng par les Boulonnais pendant les dix dernières années. C'est à cette source parfaitement authentique que nous avons emprunté nos renseignements.

22.   Dans la plupart des nombres ci-joints, ainsi que dans ceux qui vont suivre, nous avons supprimé les fractions pour qu'on puisse suivre avec plus de facilité les résultats généraux.

23.   Ces chiffres, donnés par M. Demarle d'après les renseignements fournis par les syndics de Boulogne, sont un peu plus forts que ceux auxquels conduit le calcul des éléments numériques cités plus haut ; mais, les relevés d'équipes ne portant que sur un très petit nombre d'années, nous avons cru devoir adopter les résultats ci-dessus.

24.   D'après des renseignements que nous avons recueillis à diverses époques de la bouche même des intéressés sur plusieurs points de nos côtes en Normandie, en Bretagne et dans le pays basque, nous aurions cru cette moyenne plus élevée d'environ 100 francs. De son coté, dans un mémoire fort curieux et trop peu connu sur la petite pêche, M. Edwards, prenant pour éléments de son évaluation les états officiels fournis au ministère de la marine de 1817 à 1822, n'estime ce revenu qu'à 548 francs. (Recherches pour servir a l'histoire naturelle du littoral de la France, par MM. Audouin et Milne Edwards, Paris, 1832.)

25.   Voici les chiffres qui conduisent à ce résultat :

	francs
Intérêt à 5 pour 100 de 10000 francs	500
Droit d'écorage sur le produit brut, au plus bas	500
Deux parts attribuées au bateau	1,300
Une part et demie allouée au maître	975
Douze parts de marins adultes	7,800
Une part pour deux mousses	650
TOTAL	11,725 fr.

26.   Remarquons en passant que ce rapport donne, pour le produit total annuel de la pêche dans Boulogne, la somme de 3,319,838 francs environ, sur laquelle 283,142 francs arrivent aux armateurs, tandis qu'il reste entre les mains des maîtres ou des pêcheurs 3,036,696 francs.

27.   Le baril dont il s'agit ici est une mesure légale et renferme 130 kilogrammes de poisson net.

28.   Sur la fabrication de l'huile de hareng à la manière des

Armand de Quatrefages

Suédois. — Mémoire inédit communiqué par M. Valenciennes.

29.   Ces harengs gras, bien connus des pêcheurs, sont rejetés par eux comme étant un aliment désagréable ou malsain. Un arrêté des états de Hollande et de West-Frise, en date de 1720, défend, même sous peine d'une forte amende, d'en introduire dans les salaisons.

30.   On ne peut guère évaluer à moins de 30 millions de kilogrammes le poids du trangrum enterré tous les ans à cette époque par la Suède. Ainsi 300 navires du port de 100 tonneaux auraient pu compléter leur chargement avec le produit de ces brûleries.

31.   Parmi les clupéoïdes exotiques, il en est un certain nombre qui se prêteraient parfaitement à la double industrie dont nous parlons ici. Nous citerons surtout la sardinelle de Nieuhoff, si commune sur les côtes du Malabar, et la spratelle frangée, dont le corps est tellement imprégné de graisse, qu'on ne parvient jamais à la sécher entièrement.

32.   Dans le mémoire que nous avons cité plus haut, M. Edwards porte à 26,000 environ le nombre des matelots, mousses ou novices employés à la petite pêche sur l'ensemble de nos côtes en 1820. Dans ce total, les pêcheurs de harengs figurent pour 5,000. Ainsi la pêche du hareng fournit à elle seule près du cinquième de cette pépinière de matelot d'où sortent les mains propres aux pêches lointaines, au commerce de long cours et au service maritime à bord des bâtiments de l'état.

33.   Nos navires trouvent beaucoup plus avantageux d'acheter le poisson aux Écossais que de le pêcher eux-mêmes. Le hareng est tellement commun dans les mers d'Écosse, que dans certaines localités on s'en sert pour fumer les terres. Les pêcheurs de cette nation cèdent aux nôtres une tonne de harengs tout salés pour le prix de 4 à 6 shellings, c'est-à-dire de 5 fr. à 7 fr. 50 cent. (Renseignements communiqués par M. Despouy.)

34.   Renseignements fournis par M. Demarle.

ISBN : 978-1543014419

www.ingramcontent.com/pod-product-compliance
Lightning Source LLC
Chambersburg PA
CBHW051823170526
45167CB00005B/2132